台灣小吃之美

基隆廟口

繪圖◎施政廷　文字◎曹銘宗

台灣小吃之美
基隆廟口

2008年2月初版
定價◎新台幣450元
有著作權・翻印必究
Printed in Taiwan
文字◎曹銘宗・繪圖◎施政廷
發行人◎林載爵
叢書主編◎黃惠鈴
校對◎鄭秋燕
整體設計◎李韻蒨

出版者◎聯經出版事業股份有限公司
台北市忠孝東路四段555號
編輯部地址／台北市忠孝東路四段561號4樓
叢書主編電話／（02）27634300轉5046、5229
台北發行所地址／台北縣新店市寶橋路235巷6弄5號7樓
電話／（02）29133656
台北忠孝門市地址／台北市忠孝東路四段561號1樓
電話／（02）27683708
台北新生門市地址／台北市新生南路三段94號
電話／（02）23620308
台中門市地址／台中市健行路321號
台中分公司電話／（04）22371234 ext. 5
高雄門市地址／高雄市成功一路363號
電話／（07）2211234 ext. 5
郵政劃撥帳戶第01005593號
劃撥電話／（02）27683708
印刷者◎文鴻印製企業有限公司

行政院新聞局出版事業登記證
局版臺業字第0130號

對基隆人來說，每個人心中都有一種廟口小吃，每次去廟口，大都吃一樣的東西。

像我，幾乎每次都向31號攤位的天一香滷肉飯報到，而且一定要配一顆滷鴨蛋。

外地人難得來到基隆廟口，有人大呼不知從何吃起，有人則希望肚子變大，好多吃幾攤。有些年輕人，二、三人甚至四人合叫一碗，這樣就可以吃到五、六、七⋯⋯十二攤，我女兒每次帶外地朋友來基隆廟口就是這樣做的。

年輕人好胃口，吃完鹹的要吃甜的，吃完熱的要吃冷的，所以基隆廟口不論夏天冬天都賣冰。幾個賣冰的攤位，像泡泡冰常看到年輕人在排隊，店面大的三兄弟豆花也擠滿了年輕人。

多年來，基隆廟口有一個賣口香糖的老婆婆，背駝得非常嚴重，你在吃東西時，她來問你要不要買一條？但她很客氣，你搖頭，她就走；如果你買了，她會說感謝和祝福的話。我每次去廟口，只要看到她，我一定買。現在有好一陣子沒看到她了，還有點想念她呢。我想，說不定她曾經靠賣口香糖在養活一個家。

這就是基隆廟口，不在乎衛生、環境馬馬虎虎，只希望熱鬧、人情長長久久。

【畫者簡介】

施政廷

● 1960年出生於高雄縣橋頭鄉，現居住在桃園縣中壢市。
● 曾任出版社美術編輯，而現在是一個「家庭手工」業者，在家從事圖畫書創作，生產圖畫故事書和插圖。
● 還到大學兼課、小學演講和圖書館說故事，賺外快貼補家用。
● 在創作時喜歡嘗試不同的材料和技法，相信繪畫創作是件快樂的工作。

後記

第一次去基隆廟口是女朋友帶我去的，當時她在基隆工作，所以我就「追」到基隆去，下班後她很開心的帶我到廟口去吃東西。到了接下這份繪圖工作的時候，我們的大兒子都已經唸高中了，而她期待可以去廟口的眼神，仍然是很愉悅的。

就像作者銘宗兄的感覺一樣，我有一些基隆出生的朋友也覺得廟口就像自家的廚房，隨時去、想怎麼吃、想吃什麼，都有！而且還可以滿足每個人不同的心情、品味、民族情感甚至口袋的「胃口」。

打著「為了工作需要」的藉口，先是和銘宗兄與黃主編去「實地探勘」，接著自己去、再帶太太和小兒子去、然後加上大兒子一家四口再去，又吃又買的，最後一家四口再加阿姨，去了又去，竟然還有表姊抱怨沒跟上。而且每次在回家的路上，總是一邊回味今天吃的，卻又再盤算下回去非吃什麼不可了。

帶著到自家廚房的情感，在基隆廟口接受攤家承傳了兩三代人的手藝招待，為了這份繪圖的工作，手中捧著專家作者銘宗兄的文稿指引來到基隆廟口，可不只是嘴巴吃到好口味而已，心中還多了些文化的品味！

台灣是小吃王國，基隆廟口小吃則是台灣最有傳統、最具代表性的廟口小吃。

基隆廟口小吃有四大特色：一、歷史悠久，有很多幾十年的攤位，所賣小吃禁得起時間和競爭的考驗。二、攤位數量很多，而且集中在仁三路（固定攤位，又稱老廟口）、愛四路（流動攤位）兩條交叉的小街上，傍晚以後總共有兩三百個攤位。三、各攤位所賣小吃很少重複。四、營業時間很長，仁三路很多攤位都採輪班制，全天二十四小時營業，全年無休。

基隆廟口小吃以仁三路的奠濟宮（建於1875年，奉祀開漳聖王）為中心，整個小吃區就是從這座廟的周邊開始發展的。可能在清朝時代，廟埕就有市集，出現了流動攤販。日治時代，允許在廟埕兩旁設固定攤位，並發給執照納入管理，但仁三路上也開始有流動攤販了。

戰後，隨著人口增加及經濟發展，仁三路上的流動攤販愈來愈多，後來開始移到店家門口，並慢慢固定下來，最後由市政府統一規畫固定攤位。1969年以後，再規定下午四時以後愛四路上開放流動攤販，後來又自然延伸到愛四路邊的仁二路、仁一路，形成更大的廟口小吃區，並成為台灣最著名的夜市之一。

今天，基隆廟口小吃呈現中西並列、漢和雜陳、台灣創意的美食薈萃之地，有其歷史淵源。

基隆早年移民以漳州人為主，也有不少福州人（基隆離福州很近，據傳荷蘭時代已有福州人在基隆集居成一條「福州街」，日治時代基隆與福州有定期商船航線），帶來中國五大菜系之一的閩菜。閩菜以「善治海鮮，每多羹湯」著稱，其中福州菜善用紅糟，構成基隆廟口小吃的主流。

此外，日治時代留下的日本飲食，1949年國民政府遷台帶來的中國各省飲食，台灣走向國際化引進的世界各國飲食，以及愈來愈多東南亞新娘帶來的東南亞飲食，都增加了基隆廟口小吃的內容。另一方面，一種飲食在食材上會融入在地特產，在做法上也會不斷創新改良，結果又產生新的飲食，也讓基隆廟口小吃繼續豐盛下去。

基隆廟口小吃的食材種類繁多，做出來的小吃琳瑯滿目，台灣各地的小吃大都可以在基隆廟口找到。基隆廟口也有不少獨特小吃，有些攤位還在其他夜市開了分店，並進駐百貨公司美食街。

著名的基隆廟口小吃有鼎邊趖、天婦羅、紅燒鰻羹、水煮原汁豬腳（滷豬腳）、營養三明治、一口吃香腸、泡泡冰、麻糬……所以，就不多說了，基隆廟口小吃正等著您來大吃呢！

註：基隆廟口小吃的招牌，大都把羹寫作焿、滷寫作魯，也把炭燒寫成碳燒，把常用的燒賣寫成燒邁，另外有人把割包寫成刈包等等。本書在使用這些字時，不去更動招牌的字，但內文則使用正字。

仁三路段・雙號

自製大腸圈・鹹菜豬血湯

本攤採用真的豬大腸做腸衣，灌入油蔥、糯米，蒸成一條一條的大腸圈，有粗有細，隨人挑選，現賣現切，沾醬油膏及甜辣醬吃。

大腸圈一般稱為糯米腸（閩南語叫秫米腸，秫是帶有黏性的穀物），以豬大腸為腸衣，糯米為內餡，簡稱米腸，在台灣是很普遍的小吃。糯米腸的腸衣使用去油、洗淨後的豬大腸，但也有使用便宜的人工腸衣。

台灣夜市後來流行一種創新小吃「大腸包小腸」，糯米腸和香腸炭烤後，把較大的糯米腸切開，包入較小的香腸，再放上酸菜、花生粉等配料，變成了「台灣熱狗」。

【文字作者簡介】

曹銘宗

●學歷：東海大學歷史系，美國北德州立大學新聞碩士
●經歷：曾任聯合報資深文化記者，2002年至2005年吳舜文新聞獎文化專題報導獎。
●著作：人物傳記有《影響世界的人一釋迦牟尼》、《工人博士：江燦騰的奮進人生》、《自學典範：台灣史
　研究先驅曹永和》、《菅芒花的春天：白冰冰的前半生》、《這款人物》、《小人物萬歲》。
●其他文化相關著作：《台灣的飲食街道：基隆廟口文化》、《台灣文化容顏》、《祝你永保安康》、《集集火車
　快開了》、《台灣廣告發燒語》、《台灣國語》、《台灣歇後語》、《台灣地名謎猜》、《什錦台灣話》等。

後記

　我是基隆人，今天還住在基隆。我跟很多基隆人一樣，「去廟口若咧行灶腳」，廟口就像家裡的廚房。

　1997年，基隆市立文化中心舉辦文建會的基隆文藝季，以「廟口文化」為主題，計畫出版一本介紹基隆廟口小吃的書，找我擔任計畫主持人。當時，我訪問廟口耆老，也對廟口歷史最悠久的仁三路段共約七十家固定攤位做了訪查，出版了《台灣的飲食街道：基隆廟口文化》一書。

　2007年，我跟畫家施政廷合作基隆廟口的繪本，與十年前抱著一樣的心情：很高興可以為基隆廟口寫歷史！

　我對小吃很有感覺，因為這是國民美食，讓窮人家不必花太多錢就可以吃到好吃的東西。所以，賣小吃的只要做得好吃，對社會也有很大的貢獻。

　早年，窮人家有機會到廟口吃點東西，就會很高興了。很多基隆港的碼頭工人都常到廟口吃飯，兩碗滷肉飯、一碗羹湯就可以補充體力。我聽過一個畫面：攤位的頭家看到工人來了，就自動把白飯裝多一點、滷汁澆多一點，還會一直把湯加到碗裡。

　今天，廟口幾個攤位的頭家還保有這種文化，看到客人的湯快喝完了，就趕緊舀湯過去，真是好味又加了人情味。

　當年我去採訪一口吃香腸，頭家講了「一口吃」的由來，因為常看到小孩沒多少零用錢，才想到把香腸做小，一條只賣五元，讓小孩也吃得起。這或許是生意經，但我卻看到了善意。我一直相信，有善意就會有好生意。

　走在基隆廟口，多數攤位生意很好，頭家很忙，臉上充滿自信；少數攤位生意不太好，頭家都走到路上來攬客了。客人呢？臉上寫著滿足，很多人還邊走邊吃。

　基隆廟口小吃其實吸引了各階層的人。我十五年前認識日本Kose化妝品台灣代理商大老闆，當時他對基隆廟口比我還熟，還在很多攤位吃出心得。他讚美基隆廟口滷豬腳比萬巒豬腳好吃，還誇獎頭家一把小刀切豬腳的好功夫。

　我最近才知道，作家、旅行家舒國治曾說，全台灣最好吃的滷肉飯在基隆廟口19號晚上七點才開的攤位。他還說，此攤的豬腳湯也是全廟口最好吃的，他都指明要豬腳的「中段」部位。

　基隆廟口應該常有這種畫面吧！市井小民在吃，隔壁就坐著大老闆，或許作家也在旁邊。

仁三路段·單號

鮮果汁大王

1940年代就有的水果攤,從稱斤的賣,
到切盤的賣,再到打成果汁的賣,這是
台灣飲食走向精緻的縮影。

米粉湯

基隆廟口小吃攤6號、27號、68號（白天）都賣米粉湯。基隆的米粉湯有幾樣不同的配料，像基隆特產的沙魚烟（熏小沙魚），尤其是軟絲仔（烏賊的一種，肉質比花枝滑嫩可口）。

米粉湯是台灣很普遍的小吃。台灣米粉主要有兩種，新竹米粉較細，吃起來較Q，埔里米粉較粗，吃起來較滑，一般煮米粉湯大都用埔里米粉。

米粉湯的湯頭以豬頭骨熬成，豬頭骨的湯比豬大骨的湯濃郁，但一般認為豬頭骨的湯雖然較甜，但也較「毒」，豬大骨的湯則較「清」。

米粉湯端上時，頭家撒點油葱、芹菜，顧客再撒點胡椒，最是美味。

螃蟹羹 · 油飯（深夜賣雞肉絲飯·赤肉湯·豬肝湯·豬肚湯·綜合湯）

本攤是基隆廟口消夜時間的熱門攤位之一，現煮的赤肉、豬肝、豬肚湯，加了薑絲及米酒，有古早味。

旗魚飯 · 鮮魚湯

本攤以賣基隆「現流」（沿岸、近海現撈）魚類著稱，現煮魚湯以鮮取勝。旗魚是基隆特產，把紅燒旗魚肚鋪在白飯上，滋味鮮美。

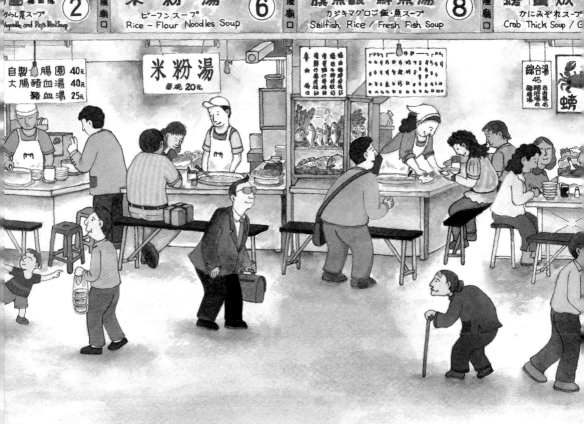

排骨麵・切仔麵・廣東仔麵

專賣台灣古早麵的老店，各種常見的湯麵和乾麵，有切仔麵（熟的油麵）、廣東仔麵（生的扁麵），也有米粉和粿仔，其他還有扁食、福州魚丸湯等。本攤的排骨麵另有風味，排骨先醃過、炸過後放入鐵罐蒸成排骨酥湯，再加到煮好的麵裡。

切仔麵是台灣傳統的麵食，「切」是取其音chhek，正字應該是「策」。從前煮麵的工具是一個小竹簍，上面綁著一根竹片（後來改用鋼製），把一人份的麵裝進小竹簍，放到滾水中上下抖動，很快的燙熱，這個動作叫「策」，所以小竹簍也叫「策仔」。

扁食就是源自中國北方的麵食餛飩。餛飩傳到各地，在四川稱抄手，在廣東稱雲吞，在閩南稱扁食，現在台灣以上的稱呼都有，但各種餛飩的包法、形狀有所不同。

天婦羅

本攤就是著名的「基隆廟口天婦羅」。一般市場上賣的天婦羅（或寫作甜不辣），大都以低價的雜魚打成魚漿後炸成，本攤則以「沙魚條」（約兩三公斤重的小沙魚）和海鰻為材料，加入太白粉、糖、味噌打成魚漿。賣場的炸鍋倒入花生油，魚漿現捏、現炸，香氣四溢。吃時配小黃瓜或香菜，沾甜辣醬，趁熱最好吃。

天婦羅是日文漢字，但日本的天婦羅與台灣的天婦羅未必相同。天婦羅其實是日文取自葡萄牙文tempura的外來語，原來葡萄牙人在16世紀就把這種油炸料理傳到日本。天婦羅在日本（尤其是關東地區）一般指用粉裹海鮮、蔬菜油炸的食物，如果是油炸魚漿則稱為薩摩揚。不過，日本關西地區也有人稱油炸魚漿為天婦羅。

酸梅湯・可可牛奶（高記）

賣飲料也有中西交流。源自北京的消暑聖品，在台灣改良，變成了冰鎮桂花酸梅湯。西洋人的可可，以傳統的煮法，先用一點水煮可可粉，一邊煮一邊攪，煮到黏稠快燒焦時，再加水、砂糖、牛奶，又香又醇，現今的三合一巧克力怎能比擬呢？

螃蟹羹・油飯

螃蟹羹是基隆廟口在1990年的創新小吃，最早是愛四路段的流動攤位（目前仍在），後來在台北士林夜市開分店。螃蟹羹的主角是整塊的冷凍蟹腳肉，還加了髮菜。

金針排骨・小菜

專賣金針排骨的老店，豬大骨熬煮的清湯，稍煮的豬小排。

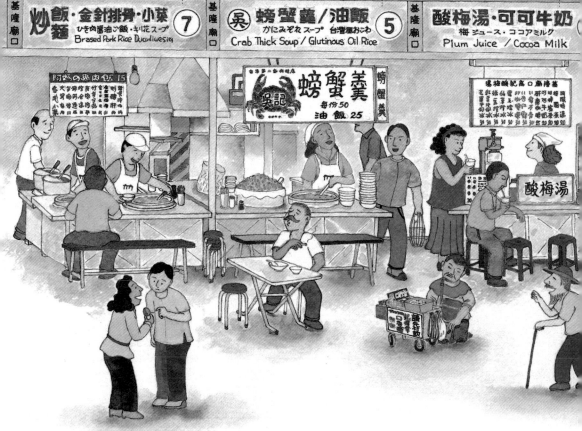

三明治・咖啡可可

基隆廟口獨特的炭烤三明治，基隆在地人的最愛。現烤的三層吐司或潛水艇麵包，抹上奶油、花生醬，夾料有蛋、火腿、炸豬排等，加上小黃瓜、番茄，最後再抹美乃滋。一口炸豬排三明治，一口冰可可，非常對味。

炭烤三明治在基隆廟口共有三家，分別在不同地點和時間營業，全天都可吃到。（仁三路段9號攤從清晨到下午，愛四路段攤從傍晚到深夜，仁三路段52號攤從凌晨到清晨）

魯肉飯・排骨湯

專賣各式排骨湯，排骨先醃再炸後，放入小鐵罐裡，分別加入冬瓜、苦瓜、蛤蜊等，蒸到爛熟，湯頭甘甜。

本港漁活海產

打出「地元港海鮮料理」（地元是日文漢字，在地的意思）招牌，號稱以基隆港沿岸及近海的漁產，做成台式海鮮料理。

壽司

專賣各式平價日本料理，最有名的是花壽司、手捲、蒸蛋，另有生魚飯、生魚片、章魚醋、五味軟絲、魚卵沙拉、大蝦沙拉等。

四神湯・肉粽・燒邁・割包

專賣四神湯的老店，先以鹽洗淨豬腸、豬肚，與薏仁、米酒一起熬四、五個小時以上，湯頭看似混濁，風味卻佳，並具開胃、養顏功效。本攤也賣「頂港粽」，以及自製的燒邁。

 四神湯是台灣常見的藥膳小吃，但在漢方中真正的方名應該是四臣湯。四臣湯、四君子湯都是著名的漢方，四君子是甘草、白朮、茯苓、人參，四臣是淮山、芡實、蓮子、茯苓。閩南語「臣」與「神」同音，也就被誤寫了。四臣湯加豬小腸或豬肚以小火慢燉，具有健胃、補脾的效果。台灣的四臣湯常再添薏仁一味，有助美容養顏。吃時再加幾滴米酒，更有風味。

肉粽做法在台灣有南北之別，一是以生米包料後再水煮，一是米先炒過包料後再蒸，風味不同。
北部肉粽稱「頂港粽」，把糯米泡水後瀝乾，用紅蔥頭、醬油等調味料炒到半熟，再以竹葉（一般用棕色帶有斑點的桂竹葉）包裹，放入滷肉、香菇、蛋黃、栗子、蝦米、魷魚等配料做內餡，最後再蒸一次。這種做法讓米粒分明、又香又Q，吃時可不必再沾醬。南部肉粽稱「下港粽」，把泡過水的糯米，以竹葉（一般用綠色的麻竹葉）包裹，放入各種餡料，然後用大鍋水煮到米粒爛熟。這種做法讓竹葉香味入粽，也較不油膩，吃時可沾醬，也有人加花生粉。

燒邁一般寫作燒賣或燒麥，可能源自中國元朝，最早是北方的麵食，後來也傳到南方。燒賣使用半熟的麵（以開水和麵），把麵皮擀得很薄又有花邊，包了豬肉、荸薺、魚漿等餡料後，底圓、腰細、頂開花，蒸熟後食用。

豬腳・蝦仁焿

本攤是基隆廟口有名的滷豬腳，名氣不下萬巒豬腳。每天現滷現賣，整隻豬腳分成腿包、中箍、腳蹄仔三部分，各有風味和嚼勁，吃時可沾自製甜辣醬。頭家特別推薦本攤的滷肉飯，帶有豬腳筋黏性的滷汁，澆在白飯上，滋味極美，全台少見。

豆簽焿

專賣福建泉州安溪的小吃豆簽羹，全台少見。豆簽以米豆製成，比麵條耐煮，早年在安溪原鄉大都只煮絲瓜，在基隆廟口則添加了蚵仔、蝦仁、花枝等海產。

豆簽羹的原料豆簽，應該寫作豆籤，就像番薯刨絲曬乾後叫番薯籤。

豆籤的原料是米豆，研磨後加工製成像細麵條般，但更短薄，吃起來也較軟，還散發豆香。米豆的營養價值很高，含有大量蛋白質，鈣質、鐵質的含量高於其他豆類，可與稻米同煮成飯或粥，故稱米豆。清康熙《台灣縣志》記載：「米豆，白皮紫點，內地鄉間和米作飯，台則不尚也。」

台灣生產的米豆，形似黃豆，臍處有黑斑點，也有廠商製成豆籤販售。

雞捲大王

專賣雞捲的老店，以豆皮包裹豬肉、荸薺、洋蔥等（用料與一般加魚漿製成的雞捲不同），捲成條狀，現炸現吃。

雞捲與雞無關。台灣早年生活節儉，常把宴席後的剩菜，以豆皮包裹（有的加上魚漿以增黏性），再炸一次，切塊來吃，成為一道美食。因為是用剩菜做成，所以稱為「加捲」（台語），意思是把「多出來的」捲起來。

炒咖哩麵‧炒意麵‧鮮魚湯

專賣炒意麵的老店，一糰糰意麵（先燙熟再炸過），疊在攤前，賣時再現炒，加肉絲、蝦仁等配料，也有咖哩口味。

意麵是加雞蛋做成的麵條，台南意麵則是混合鴨蛋做成。台灣民間相傳，做意麵在擀麵時要特別用力，發出「噫…噫…」的聲音，故取其音稱之意麵。
廣東潮州的伊府麵也是以麵混合雞蛋做成，簡稱伊麵，可能才是意麵的來源。伊麵據說是清代曾任廣東惠州太守的詩書家伊秉綬發明的。他家中常聚集文人墨客吟詠唱和，廚師往往忙不過來。伊秉綬於是讓廚師用麵粉加雞蛋摻水和勻後，製成麵條，捲曲成糰，晾乾後炸至金黃，儲存備用。客人來了，只要把麵加上作料，放到水中一煮，即可招待客人。
這種把麵條做成可以長期存放的麵餅，吃時再加水軟化即可，有人說似乎就是現代速食麵的鼻祖。

日圓	光復肉焿	清豬腿魯清小	19	基隆

肉みぞれスープ・ハイ骨スープ
Pork Thick Soup/Spareribs in Clear Soup

炒咖哩麵　炒意麵 鮮魚湯　⑰　基隆廟口
台湾風ラーメン
Noodles

雞捲大王　鮮嫩 炒意
ゆばのとり肉卷揚げ　⑮
Chicken Roll

光復肉焿・清排骨（晚上七點半至清晨四點改賣滷肉飯・豬腳湯・腿肉湯）

戰後即開張，打出「光復肉焿」招牌，做法也與其他攤位不同。一般是先把肉羹料（醃好的肉，加了魚漿）燙熟撈起，再倒入調好味的大鍋湯，讓湯看來較清。本攤是先燒滾一大鍋湯，直接把肉羹料一塊塊丟進去煮，以增加湯頭滋味。

本攤晚上改賣滷肉飯、豬腳湯、炒高麗菜等。作家舒國治稱本攤有全台灣最好吃的滷肉飯，「滷肉肥、瘦、皮都有，也不致油兮兮的」。他每次來也必點炒高麗菜、豬腳湯（指明要中段部位），「高麗菜燒得不油，微爛卻不甚糊爛，白煮的豬腳湯清淡卻有嚼頭。」

肉焿的正確寫法應該是肉羹，羹就是用肉、菜等勾芡煮成的濃湯。在台灣，肉羹是很普遍的小吃，各地的做法也不一樣，主要有純豬肉與加魚漿兩種，基隆的肉羹是有加魚漿的。

肉羹的煮法也有兩種。一種是把醃好的肉料（有的沾粉有的沾魚漿）先燙熟，另做調好味的羹湯，賣時再把已燙熟的肉料加到羹湯裡，這種煮法的湯較清。另一種是把生的、醃好的肉料，沾粉或沾魚漿後，直接一塊塊放到滾燙的羹湯裡（台北西門町有一家「大鼎肉羹」，大鼎就擺在店前，當眾把生肉料投進大鼎裡），這種煮法的湯較濃。

魯排骨

排骨採用獨特的「先炸再滷」作法，一般炸排骨的肉太硬，再滷過後會變軟，而且更香，滷汁也可以拌飯。

·········

油飯 · 旗魚 · 蝦仁 · 肉焿

28號、30號、32號一連三攤都打著油飯的招牌，吃油飯配各種羹湯是基隆廟口小吃常見的組合。

油飯與筒仔米糕是台灣常見的米食小吃，兩者在做法上不同，可能源自中國宋朝蘇東坡所記載江南人喜歡做的「盤游飯」。

油飯的做法是爆香、炒好油蔥、香菇、蝦米、豬肉等配料，再把蒸熟的糯米加進去拌，香氣四溢。台灣有送彌月（小孩滿月）油飯的習俗，還附加紅蛋和雞腿。

蒸熟的糯米一般稱為米糕，把糯米裝入竹筒（後來都改用圓柱形小鐵罐）中蒸熟則稱筒仔米糕。在蒸之前，在筒仔底部舖上豬肉、香菇等配料，再放進糯米去蒸熟。賣時把筒仔倒扣在碗上，就變成上面是配料、下面是糯米飯的筒仔米糕。吃時再放點香菜，也可加甜辣醬。

炭燒蚵仔煎 · 蚵仔湯

戰後就有的老店，以賣蚵仔煎成名。本攤蚵仔煎堅持使用炭火，頭家說「火有火味」，這樣也較能控制火候，尤其是鐵板周邊角落的溫度。另賣蚵仔湯，蚵仔先沾粉（煮了才不會縮小），再加薑絲、蒜蓉、清醬油煮成。

蚵仔煎就是煎牡蠣（閩南語念蚵仔，也寫作蠔仔），在台灣是很普遍的小吃。在平底鍋上油煎，放入蚵仔、雞蛋、小白菜（或茼蒿）攪拌後，淋上番薯粉做的芡水，起鍋後再淋上醬料。

蚵仔煎是閩南小吃，但台南人對蚵仔煎的起源有一個傳說。1661年鄭成功軍隊登陸台南與荷蘭軍隊交戰期間，因糧食不足而就地取材，以番薯粉和其他穀粉打漿，混雜各種找得到的海產、肉類、青菜等，以油鍋煎成餅。這種餅稱之煎餶，（餶音嗲，如蚵嗲），據說就是最早的蚵仔煎。

麵線焿 · 肉圓

專賣麵線羹的老店，特別訂做的手工麵線，以大腸、花枝加魚漿做成的配料，用蝦米煮成的湯頭。本攤另賣肉圓，皮以番薯粉調和基隆仙洞的泉水製成，內包紅糟豬肉和竹筍。

麵線羹即一般說的麵線糊，也有稱大腸麵線、蚵仔麵線，在台灣是非常受歡迎的小吃。麵線糊主要是麵線與高湯，配料可加大腸、蚵仔，以及裹魚漿的花枝、魷魚等。

肉圓在台灣各地除了形狀、大小、材料的不同外，在做法上也有油煮或水蒸的差異。肉圓半透明的外皮由番薯粉、太白粉或再加在來米漿做成，內餡則有豬肉、豬肝、筍乾等配料，有的還加了紅糟。相傳清代台灣北斗地區的寺廟，有一位文筆生范萬居，在當地發生水災時，他把番薯粉加水揉成團狀，再蒸熟給災民食用。這種食物後來包入豬肉、筍乾等配料，發展成為肉圓。

花枝焿 · 大麵炒

專賣花枝羹的老店，先把花枝裹上魚漿煮熟撈起，放入調過味的清湯裡，加點烏醋更好吃。花枝頭足的部分，吃起來較有脆感。

大麵炒使用高筋麵粉製成的油麵，久蒸不爛，拌入豬油，放些韭菜，吃時再澆上一匙加了蒜蓉的清醬油。

花枝、鎖管、透抽、軟絲、魷魚、章魚都是基隆廟口常見的海產。在分類上，牠們都屬軟體動物門頭足綱，也都會噴墨，其中花枝、透抽、小卷、軟絲、魷魚都有十足，章魚則有八腕（有人叫八爪魚）。在市場上，花枝俗稱烏賊、墨魚，肉身最厚，料理時要切片或切段。鎖管常依大小被稱小卷、中卷，透抽也是鎖管的一種，料理時可切圈或切段。軟絲應該寫成軟翅才對，肉質極佳，價格最貴，台灣產量少，大都從東南亞進口。常見的魷魚都是曬乾發泡過的，大都從阿根廷、紐西蘭進口。章魚的閩南語叫石居，一般常以日語稱Tako。

邢記鐤邊趖

創始人是日治時代來台灣的福州人邢氏，在基隆落腳後，把原鄉小吃鐤邊趖與基隆海產結合，做出更好吃的鐤邊趖。

鐤邊趖傳統的作法，先把在來米研磨成漿，在大鍋中放一些水，慢慢燒滾，用芋頭沾油抹鍋（讓鍋沾點油，順便去雜質），然後把米漿沿著鍋緣一圈圈慢慢的倒下，蓋上鍋蓋。此時，鍋內的那圈米漿就往下「趖」（趖是台灣閩南語，意思是慢慢的動），遇到蒸氣就凝固了，然後一邊蒸、一邊烘。看火候，大約一至三分鐘，即可掀鍋，把一圈圈的鐤邊趖取下後，自然風乾，再用剝或剪成一片片。

鐤邊趖本是福建小吃，在台灣發揚光大。鐤邊趖本是乾吃或炒菜，在台灣變成配料豐富的湯食。台灣鐤邊趖的湯以香菇、竹筍、金針、蝦米、小魚乾、魷魚絲等煮成，放上鐤邊趖後，再加上肉羹、蝦仁羹、高麗菜，最後撒上韭菜、芹菜、蒜頭酥。

何家排骨焿 · 紅燒鰻焿

專賣排骨羹的老店，先把排骨以漢藥、香料、酒等調味料醃製入味，沾番薯粉以大火油炸後，再加入羹湯裡，吃時加點烏醋。

魷魚焿 · 紅燒鰻焿

魷魚羹是常見的台灣小吃，把魷魚乾發泡好，切塊燙熟備用，賣時再放到羹湯裡，吃起來才會清脆。吃時加沙茶醬和九層塔，更添風味和香氣。

鹹粥 · 魷魚

鹹粥（鹹糜）是台灣傳統的點心，本攤是基隆廟口專賣鹹粥，二十四小時營業的老店。本攤鹹粥以生米（在來米混合蓬萊米）煮成，水滾時再放米，這樣才能久煮不爛，湯也較清。吃鹹粥可配雞捲、天婦羅、炸魚排、蝦仁捲、紅燒肉，以及價格較貴的燙魷魚（台灣閩南語稱魷魚煠，煠音sah）。

鹹粥與常見的廣東粥相比，差異很大。鹹粥講究清，看得見粒粒分明的米粒，湯米分明；廣東粥則講究濃，把米粒熬到爆開，又黏又稠。鹹粥的湯頭主要靠油蔥、蝦米、小魚乾，吃時可配各種現炸的豆腐、魚蝦和肉類。廣東粥則把熬爛的粥再加入皮蛋、玉米、豬肉、豬肝、雞肉、牛肉及各種海產快煮，還可打入蛋汁，最後再撒上碎油條。另有一種台灣小吃海產粥，則是把煮好的米飯加到高湯裡煮，最後再加入各種海產。

咖哩飯 · 鮮魚湯（珠）

從1956年起就專賣咖哩飯的老店，基隆人最常光顧的攤位之一。本攤咖哩飯的肉料是基隆廟口的肉羹，攤前就擺著一大鍋燒滾滾的咖哩肉羹，這是在餐廳吃咖哩飯聞不到的氣味。

柯記刨冰總匯 · 圓仔湯

林記刨冰總匯 · 花生湯

兩攤相連，都是專賣甜點的老店，熱天賣冰水，寒天賣熱湯，各種中、西式甜點共有三、四十種。48號攤以賣圓仔湯起家，紅豆湯也很有口碑。50號攤的招牌是芋圓，花生湯（土豆仁湯）也有名，配油條（油炸粿）吃更香。

生魚飯・壽司（陳記）

本攤是基隆廟口「壽司陳」的老店，創始人在日本時代是日本料理店的廚師，戰後出來擺攤，把日本料理帶到台灣小吃的地盤，菜色有壽司、生魚飯、生魚片、章魚醋、五味九孔、大蝦沙拉、蟹肉和風沙拉等。

營養三明治

本攤就是打響「基隆廟口營養三明治」的老店，受到年輕人喜愛，攤前時常大排長龍。這種三明治是橢圓形的麵包，以高筋麵粉加上鹽、糖、雞蛋、奶油、酵母等揉成麵糰，發酵、膨脹後，賣時再現炸，把麵包炸得外酥內軟，再把麵包剪開，放入火腿、滷蛋、番茄、小黃瓜，抹上美乃滋。

什錦春捲（潤餅捲）

專賣潤餅的老店，招牌寫著「什錦春捲」，其實賣的是閩南語所說的「潤餅餃」（餃音kauh，捲製食物的意思）。本攤潤餅的菜是加了咖哩炒過的高麗菜，以及現燙的豆芽菜。另有花生糖粉、紅蘿蔔絲、紅糟肉酥、豆乾絲、蛋絲、香菜、蘿蔔乾等配料。

潤餅與春捲有何不同？其實可以這樣說：把潤餅油炸後就變成春捲。

做潤餅，首先要做薄麵皮，以高筋麵粉加水揉好後，抓一團往燒熱的鐵板上一抹，再拉起來，鐵板上就黏著一層「皮仔」。現做好的潤餅皮很有張力，但放久變硬就不好吃了。在台灣，潤餅本是清明節的食品，後來變成日常的小吃。一般小吃攤賣現做的潤餅較大，傳統市場內也有賣已做好的小潤餅。春捲一般都做得較小，也是用薄麵皮，捲好餡料，再去油炸。

奠濟宮大都以石材建構，頗多精雕細琢。走到廟門，就有貝、蟹類等石雕，彰顯基隆人討海為生。前殿還保有早年的石獅、石雕、壁堵、門柱石等。中門印著門神秦叔寶、尉遲恭，左右兩門的四塊門板上各印福、祿、壽、喜。殿頂挑高，展現氣勢。

來到大殿，眼前是開漳聖王的神像，兩旁還保存一對創建時的石柱。在大殿還可看到一對日治時代雕刻花鳥的石柱，以及另一對戰後雕刻龍的水泥柱。

每年農曆2月15日開漳聖王聖誕，以及8月23日田都元帥聖誕，奠濟宮都舉行慶典，吸引熱鬧的人潮。

羊肉焿‧羊肉魯飯

1995年開店，仿照基隆廟口著名小吃肉羹、滷肉飯的做法，做出了羊肉羹和羊肉滷飯。

吳家錦邊趖

創始人是早年基隆廟口攤販著名人物「肉焿順仔」吳添福。吳家第三代走現代化經營，做全國加盟店，以及冷凍成品的網路訂購。

奠濟宮

清光緒元年（1875），因海港及附近礦區而逐漸發展的雞籠，寓基地昌隆之意，改名基隆。同年，位於市中心的奠濟宮落成，也開啟廟口小吃的歷史。

奠濟宮又稱聖王公廟，奉祀的主神是開漳聖王，成為基隆漳州移民的信仰中心。奠濟宮的後殿是清甯宮，一樓正殿奉祀水仙尊王，二樓儒林殿奉祀戲曲祖師田都元帥，成為基隆著名西皮派北管子弟團得意堂的總部。

在基隆，奠濟宮是大廟，進入廟裡要先走上七個階梯，提升整座廟的地基，增加雄偉。廟階兩旁分別放著1896年及1923年改建的紀念碑。

泡沫紅茶（晚上十一點到清晨四點賣汕頭牛肉）

泡沫紅茶、珍珠奶茶展現了台灣茶文化從傳統到現代、從古典到流行的創意，也是品嘗各式台灣小吃後的爽口飲料。

專賣汕頭牛肉的老店，融合咖哩和沙茶口味的炒牛肉及內臟，另有以牛肉及內臟煮薑絲的清湯，口味獨特。

金興麻(蔴)粰

本攤是基隆廟口著名的麻粰老店，日治時代的糕餅世家，戰後出來擺攤，專賣麻粰、米粰、土豆（花生）粰，做的比一般的大，咬下去有黏性，中空部位綿綿的，非常好吃。三種口味都是素食，以土豆粰賣得最好。另賣以花生、豬油、蒜頭做成的「土豆糖」，與一般花生糖風味不同。

麻米粰是台灣民俗常用的供品，也是一般人很愛的鄉土甜點。

麻米粰製作過程複雜，首先要從麻米粰中心的「果」說起。把糯米粉加一種「狗蹄芋」（常用來製作芋泥餡），揉好、蒸熟後，切成小條，以機器乾燥（早年用日曬）後，即成「果」，又稱「果仔乾」。

再來要炸「果」，如果直接放到熱油裡炸，會縮小無法膨脹，甚至炸焦。所以要用兩個鍋，一個冷油鍋，一個熱油鍋。先把「果」放到冷油鍋裡，然後用熱油鍋的熱油淋冷油鍋的「果」，等「果」慢慢膨脹後，再放到熱油鍋裡去炸，讓「果」膨脹到最大。

用白砂糖加麥芽糖煮成黏度適中的糖膏，太黏會黏牙，不夠黏會無法黏上料。把炸好的「果」先裹上糖膏，裹上麻（先炒過）就是麻粰，裹上米（糯米蒸熟、曬乾後，用砂炒過，再把砂篩掉）就是米粰，裹上碎花生（生花生用砂炒過，把砂篩掉，再去皮磨碎）就是土豆粰。

正宗滷味

專賣滷味的老店，以酒、醬油、薑母及香料滷製鴨頭、鴨舌、鴨翅、鴨腳、雞脖、雞翅、雞腳和豆乾等。

捲	⑥	基隆廟口	金興蔴粰	⑥	基隆廟口	正宗滷味	⑥¹	基隆廟口	油粿・芋
Rolls			金興 揚さかりんとう local snacks			Stewe			塩味米モち・里 Oil Cake / Ta

金興蔴粰
百年老店

內行滷味
鴨豆雞

油粿 · 芋粿 · 肉芋丸

專賣油粿（油葱粿）、芋粿的老店。油粿以在來米漿加油葱蒸成，依古法做成九層，做一次要花三小時以上。芋粿以在來米漿加芋頭做成，還有一種芋粿包肉的肉芋丸。

粿是台灣常見的小吃，以在來米漿蒸製而成，做成片狀可切成粿條，就是粿仔，常做成粿仔湯。閩南人說的粿仔或粿條，就是客家人說的「粄條」，廣東人及東南亞華人則稱之「河粉」。

此外，在來米漿加芋頭可做成芋粿，在來米漿加煮爛的蘿蔔絲可做成菜頭粿（蘿蔔糕）。

另有一種油粿（油葱粿），依古法做成九層，稱之「九層炊」，即在蒸好一層米漿後，鋪上油葱，加一層米漿再蒸，如此重複蒸到九層。

蟹肉 · 蟹足 · 風螺 · 溪蝦

蟹肉醃過後，裹麵粉先炸一下，賣時當場再炸酥。蟹足、風螺則都是以沙茶、辣椒炒過。炒溪蝦原是台灣溪流地區的菜色，也加入基隆廟口小吃的陣容了。

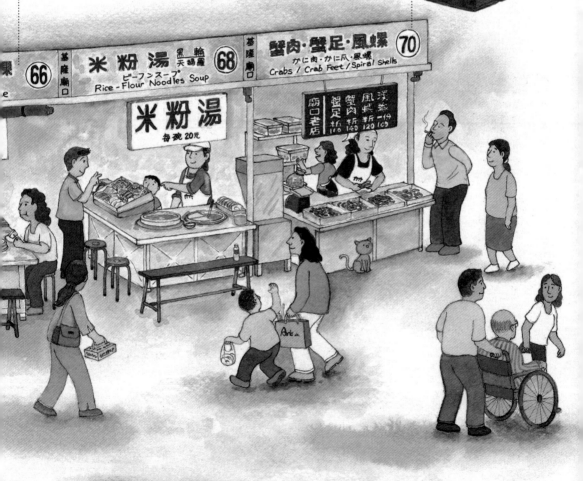

香香鹽酥雞（洪記）

本攤創始人自稱是台灣鹽酥雞（自1980年代流行至今）的元祖之一，1989年來到基隆廟口創業。炸雞塊不是先醃好再沾粉，而是把粉連同雞肉、香料一起醃，這樣比較入味，冷了也好吃。

魯肉飯專家
魯肉飯・肉羹大王（天一香，肉羹順老攤）

31號與29號本是一家，後代分開經營。這是早年基隆廟口攤販著名人物「肉羹順仔」吳添福的老招牌，也是基隆在地人最常去的滷肉飯老店。不油膩、帶有甜味的滷肉飯，配上滷得很透的鴨蛋，就是台灣俗話「呷飯配滷蛋」的意境。

魯肉飯應該寫成滷肉飯，在台灣是最普遍的國民美食，可以說是台灣米食文化的一大發明。滷肉飯在台灣到處都有，做法也不一樣。好的滷肉飯，滷肉要具備皮、脂、肉三部分，吃起來肥而不膩，有「黏唇」的感覺。滷肉飯用的米也要講究，一般的蓬萊米應該加些在來米，這樣滷汁才能吸附在乾鬆的飯粒上。

台灣南部的肉燥飯，類似北部的滷肉飯，但肉燥是以絞碎肉做成，而滷肉飯的料則是手工切的。南部所稱的滷肉飯，在北部則稱焢肉飯（滷三層肉）。

| 基隆廟口 | 大發水果汁
大発 ジュース屋
Fresh Juice | 35-1 | 基隆廟口 | 香香塩酥雞
烏のから揚げ
Fried Chicken | 35 | 基隆廟口 | 柳橙汁 杏梟牛奶
オワンジーパパイヤジュース
Orange Juice / Papaya Milk | 33 | 基隆廟口 |

沈記泡泡冰

本攤自1976年開始賣泡泡冰，一年四季都賣，夏天還要排隊呢！這種手工、鄉土味的台式冰淇淋，俗擱大碗，成為年輕人在熱食之後最愛的冰品。

泡泡冰的配料很多，以花豆最受歡迎，顧客可自由搭配，賣得最好的是花生配花豆。

泡泡冰據說起源於宜蘭，曾在台灣各地流行，但後來似乎僅存於基隆廟口，被稱為「基隆冰」。

泡泡冰最大的特色就是手打的冰。做法是把冰用刨冰機刨到一個大碗公裡，加入配料，再用鐵湯匙攪拌，一次可做四人份。這種大碗公外面要滑，內面則要粗，才方便攪拌。打冰要用手的力道攪拌均勻，打到冰和配料融為一體，並把冰內的空氣打出，所以口感特別密實。

泡泡冰有花生、花豆及各種水果等一、二十種配料，任君挑選並組合，但最好請教老闆意見，否則亂配的泡泡冰可能很難吃。

楊桃汁 · 柳橙原汁 · 木瓜牛奶

專賣古早味的楊桃湯，有鹹和甜兩種口味。

愛四路段

愛四路段是自1958年起始有的夜市，
最早只有兩攤，目前連周邊約有兩百攤，
下午四點後營業。

●愛四路段右邊 ···

三兄弟豆花

愛四路店面連同店前攤位是基隆廟口三
兄弟豆花的本店，創始人跟父親學做豆
花，從攤販做起，再由三個兒子接手，
1996年合作購買第一個店面，採企業化
經營，然後開設分店、進駐百貨公司美
食街。

本店冷熱甜品，可分成豆花、粉圓、芋
頭、蓮子等類，再搭配紅豆、綠豆、花
生、銀耳，以及紅茶、抹茶等，共有幾
十種組合。

豆花是中國常見的甜點，中國北方稱之豆腐腦，也做成鹹的。
豆花是黃豆做的，把豆漿燒滾後，加入凝固劑（石膏或鹽滷），慢慢攪拌，
即成豆花。把豆花放進鋪布的板模，以重壓瀝出水分，即成豆腐。
豆花比豆腐更軟更嫩，加糖水及薑汁是傳統口味。在台灣，豆花小
吃被發揚光大，各種配料讓人眼花撩亂，連西方的咖啡、巧克力都
加進去了。

紅燒鰻焿 · 當歸鰻魚頭（圳）

本攤是著名的基隆廟口紅燒鰻羹，創始於1965年，為了與別家紅燒鰻羹區別，頭家把自己
名字中的「圳」拿出來當標記。

紅燒鰻羹使用海鰻，海鰻比河鰻大也較
少腥味，魚刺粗長但不會太硬。海鰻連
皮帶肉切成條狀後，以紅糟及調味料醃
過再炸，與白菜一起放到勾芡的湯裡煮。
吃時撒上香菜、加點烏醋，湯頭鮮甜，魚
肉滑嫩。

本攤限量供應的當歸鰻魚頭湯，本來營養
豐富的鰻魚加上中藥材，更加滋補。

紅糟是福州人做菜常用的調味料，基隆廟口肉
圓的內餡中就有紅糟豬肉，紅燒鰻羹也是源自
福州名菜紅糟鰻，還有人做成紅糟牛肉麵。
米或麥煮熟後，使其發酵再曬乾，稱之為麴，可
釀酒。紅麴是一種紅色的米麴，把糯米蒸熟後，
再加上紅麴一起發酵，即呈醬狀的紅糟，除了顏
色艷紅可做食品色素用之外，還有濃郁的香氣和甘味。

米台目

專賣米台目的老攤子，湯頭很好，撒上油蔥、芹菜更好吃。配菜主要是豬肉及內臟，還有基隆特產的沙魚烟、軟絲仔。

米台目在台灣是非常普遍的小吃，但正確的寫法是米篩目。米篩是篩米用的竹器，有網目用以去粗取細。把在來米磨漿後，倒在米篩上流到滾水中，就煮成一條一條的米篩目了。

在台灣，米篩目可以加糖水做成冰品，但大都是煮成鹹的，而且口味不同。一般是油蔥口味，也有加肉燥，客家米台目（客語叫米細目）還加韭菜。

奶油螃蟹

著名小吃奶油螃蟹的老店。把螃蟹（一般用梭子蟹，俗稱市仔）加奶油、洋蔥、醬料等包在錫箔紙裡，以炭火烤，打開錫箔紙即散發融合奶油和蟹肉的香氣。

全家福元宵

基隆廟口全家福元宵，在**愛四路小巷口**的小攤子，現煮現賣。走進巷內，即可看到本店及工廠，有盒裝外賣，在元宵節前幾天總是大排長龍。

元宵以手工製造，把黑芝麻（加了豬油）的餡粒，沾水之後，放在裝有糯米粉的大竹籃，不斷的搖竹籃，使餡粒均勻的黏上糯米粉。煮好的元宵，皮薄餡多。如果加桂花蜜，甜湯散發香氣。如果再加酒釀，則更滋補。

元宵本是中國北方小吃，顧名思義是元宵節的應景食品；南方則有湯圓，但與元宵的做法不同。

元宵是以餡沾水，在糯米粉中愈滾愈大，稱之「搖元宵」。湯圓則是把糯米粉揉成圓糰（無餡），稱之「搓湯圓」；如再把餡包入（有餡），稱之「包湯圓」。元宵是甜食，因煮元宵會掉粉，故湯較濃。湯圓則有甜有鹹，湯較清。

一口吃香腸

自1990年創業，動機是做成「讓小孩也吃得起」的小香腸，至今仍是一條五元。一口吃香腸是不加防腐劑也不必乾燥的「生香腸」，現烤現賣，冷了也不會變硬。
一口吃天婦羅是繼一口吃香腸之後開創的小吃，採用沙魚和鱈魚打的魚漿，特別設計一套機器來做成圓形狀，號稱不用手工才衛生，現炸現賣。

愛玉冰・冬瓜茶・蓮藕汁

戰後就有的愛玉冰老店，採用真材實料的愛玉子，古早製法，非常細嫩，喝時加糖水和檸檬汁，風味絕佳。本攤另賣傳統口味的冬瓜茶。
愛玉是台灣古早的消暑聖品，愛玉的由來還有一個美麗的傳說。

《台灣通史》作者連雅堂曾在〈雅言〉中，對「產於嘉義山中」的愛玉子有一段描述。他寫道，清道光時期有一個往來台南、嘉義的商人，有一天走在山路上，「天熱渴甚，赴溪飲。見水面成凍。掬而啜之，冷沁心脾。自念此間暑，何得有冰？細視水上，樹子錯落，揉之有漿，以為此物化之也。拾而歸家。子細如黍，以水絞之，頃刻成凍，和糖可食。或合兒茶少許，則色如瑪瑙。某有女曰愛玉，年十五，長日無事，出凍以賣，人遂呼為愛玉凍。」
愛玉是一種名叫薜荔的植物，在浙江一帶俗稱木蓮。清吳其濬《植物名實圖考》記載：「木蓮即薜荔，俗以其子浸汁為涼粉以解暑。」做法就是把薜荔含有膠質的種子取出，放進布袋裡，浸入冷水中，以手搓揉，使膠質從布袋滲出到水中，慢慢凝固成凍。
愛玉是健康食品，含有天然可溶性膠質（水溶性膳食纖維）。

廣東粥 · 海鮮鍋燒麵（深夜到早上賣清粥小菜）

本攤小吃較常變換，目前白天賣廣東粥、鍋燒麵（愛四路段有一家更大的鍋燒麵專賣攤位），深夜起賣台式清粥小菜。

鍋燒麵在台灣本是日本料理店的一道菜，後來卻變成很普遍的小吃。

鍋燒麵使用日式烏龍麵。在日本，烏龍麵以黏性較低的低筋或中筋麵粉加鹽製成，做得又軟又Q，一般是醬油口味的湯底，成為很受歡迎的國民美食。正統的鍋燒麵，在小鐵鍋裡把麵煮好後，把小鐵鍋放到一個「井」字型的木架上，再端給客人享用。

在台灣，鍋燒麵產生驚奇的變化。既然鍋燒麵顧名思義就是在小鍋子裡煮麵，那麼為何不能用不同的麵加不同的料呢？於是，在鍋燒烏龍麵之外也出現了鍋燒意麵、山藥牛奶鍋燒麵、酸菜白肉鍋燒麵、香茅檸檬鍋燒麵、韓式泡菜鍋燒麵、麻辣鴨血鍋燒麵、椰香咖哩鍋燒麵、養生番茄鍋燒麵等。

刈包 · 四神湯

繼承福州人做刈包的手藝，三層肉要切好再滷，才滷得透；鹹菜也要切好再滷，還要加糖。

刈包的正寫是割包，可能改良自福州小吃。

割包是以麵粉發酵製成，呈扁橢圓形，割開後，對摺起來包入酸菜、滷肉片（可瘦可肥，一般以三層肉最適合）、花生粉、糖、香菜等餡料。割包的形狀像錢包，象徵發財，在台灣早期的尾牙扮演重要應景角色。

割包像一個虎嘴咬住一塊豬肉，多年來被戲稱為「虎咬豬」。近年來，台灣有人在割包的餡料變花樣，加入煎蛋、雞排、魚排、牛肉等，變成了「台灣漢堡」。

水餃・鍋貼・酸辣湯

在台灣,源自中國北方傳統麵食的水餃、鍋貼(生煎餃子)、酸辣湯,已成為各地的小吃。在基隆廟口也不缺席,愛四路上就有兩家面對面的老攤子,招牌上還打出「北平」二字。

吃水餃、鍋貼,喝酸辣湯,也要配點小菜,這兩攤的小菜除了一般的泡菜、小黃瓜、海帶絲之外,還有台灣本土的鴨賞(鴨子以竹片撐開曬乾,再以甘蔗熏成)、鹹蜆仔(以醬油、蒜頭醃的生河蜆),展現不同飲食文化的融合。

●愛四路段 左邊 ....

素食

基隆廟口僅有的素食攤位,走「通吃」路線,把基隆廟口各式各樣的葷食小吃都做成素食小吃,像滷肉飯變成滷飯,麵、麵線、米粉、冬粉等都改用素羹湯,還有素的壽司、水餃等。

八寶冬粉・魚翅肉羹(金記)

著名的基隆廟口八寶冬粉,冬粉是以綠豆粉做成狀似麵條的食品,加到湯裡,比麵條更能吸收湯汁。八寶指含有八種或以上的食材,八寶冬粉以豬骨熬湯底,加上金針、木耳、香菇、竹筍、金勾蝦等配料,再把基隆廟口的肉羹、花枝羹、蝦仁羹放進去,色香味俱全。

本攤也賣加了魚翅、香菇的肉羹,在基隆廟口是最貴的肉羹。